Michael Sypien

Gibt es eine historische Globalisierung?

GRIN Verlag

Bibliografische Information der Deutschen Nationalbibliothek:

Die Deutsche Bibliothek verzeichnet diese Publikation in der Deutschen National-
bibliografie; detaillierte bibliografische Daten sind im Internet über http://dnb.d-
nb.de/ abrufbar.

Impressum:

Copyright © 2010 GRIN Verlag GmbH
Druck und Bindung: Books on Demand GmbH, Norderstedt Germany
ISBN: 978-3-656-04055-2

Dieses Buch bei GRIN:

http://www.grin.com/de/e-book/180823/gibt-es-eine-historische-globalisierung

Otto-Friedrich-Universität Bamberg
Institut für Geographie

Gibt es eine historische Globalisierung?

Seminararbeit

im Studiengang Wirtschaftspädagogik II
der Fakultät Sozial- und Wirtschaftswissenschaften
der Otto-Friedrich-Universität Bamberg

von Michael Sypien

Abbildungsverzeichnis

Inhaltsverzeichnis

1 Globalisierung – ein modernes Thema?

Die Begriffsgeschichte des Wortes *Globalisierung* reicht weniger als 30 Jahre zurück, das „Modewort der Marketing-Literatur" (Zschaller & Kiesewetter 2000: 161) wurde zuerst dazu verwandt, den Erfolg von internationalen Herstellern wie BMW oder Coca Cola herauszustellen. Deshalb wird die Globalisierung auch oft als ein Phänomen der Gegenwart betrachtet. Howard Perlmutter führt nach dem Fall des Eisernen Vorhanges das Argument ins Feld, dass die Menschheit nicht am „Ende der Geschichte", sondern am Beginn des Zeitalters der „globalen Zivilisation" stünde (Perlmutter 1991: 902). Das zeigen die Konnotationen des Wortes Globalisierung mit der jüngsten Vergangenheit. Es gibt jedoch auch andere Sichtweisen. Eine radikalere Auffassung von Globalisierung geht davon aus, dass es diese schon immer gab, wenn man die ersten Wanderungsbewegungen der Menschen vor über 100.000 Jahren berücksichtigt (Schwentker 2005: 40).

Ist die Globalisierung also ein modernes Thema, oder gibt es eine *historische Globalisierung*? Rechtfertigt die Zunahme der internationalen Verflechtungen wirklich die Verwendung des neuen Begriffes, oder haben auch in der Vergangenheit Verflechtungen eine sehr wichtige Rolle gespielt? Um diese Frage beantworten zu können, muss der Begriff Globalisierung zunächst definiert und charakterisiert werden, um nachfolgend feststellen zu können, ob (und in welcher Form) es in früheren Epochen bereits derartige Ansätze gab.

In Kapitel 2 werden zunächst relevante Begriffe erklärt und speziell das Begriffsverständnis des Wortes *Globalisierung* für die Verwendung in dieser Arbeit festgelegt. Kapitel 3 untersucht dann Globalisierungstendenzen in der Vergangenheit ausgehend vom Imperium Romanum, und versucht, diese „Globalisierungen im Spiegel der Geschichte" (Schreiber 2000) in zuvor festgelegte Globalisierungsdimensionen einzuordnen. Kapitel 4 trägt den Titel „Globalisierungsvorlauf", weil viele Autoren die Internationalisierungsaktivitäten dieser Zeit als wegbereitend für die heutige

Globalisierung ansehen. Dieses Kapitel untersucht die Vernetzung von der Neuzeit bis zur Weltwirtschaftskrise. In Kapitel 5 geht es um die Entwicklung der Globalisierung seit dem zweiten Weltkrieg und stellt neue Entwicklungen im Vergleich zu früheren Globalisierungsanläufen heraus, bevor in Kapitel 6 schlussendlich die Frage geklärt wird, ob man von *historischen Globalisierungen* sprechen kann.

2   Was ist Globalisierung?

Wie in der Einleitung angemerkt, ist das Wort Globalisierung eine Wortneuschöpfung, die erst seit ungefähr 30 Jahren Eingang in den deutschen Sprachgebrauch gefunden hat. Da sich diese Arbeit aber mit Zeiträumen weit vor dieser Zeit beschäftigt, muss zunächst die Wortbedeutung festgelegt werden.

Für Beck ist Globalisierung das „sicher das am meisten gebrauchte – missbrauchte – und am seltensten definierte, wahrscheinlich nebulöseste und politisch wirkungsvollste (Schlag- und Streit-)Wort der letzten, aber auch der kommenden Jahre" (1997: 42).

Viele Autoren beziehen den Begriff sehr stark auf die ökonomische Ebene, nämlich auf die „Integration innerhalb und zwischen Transnationalen Unternehmen" (Schamp 1996: 209). Globale Märkte, Globalisierung von Produktionskonzepten und globale Produktionsnetze stehen hierbei im Vordergrund. Krätke betrachtet auf ökonomischer Ebene eher den Handel und definiert Globalisierung als „Einen Prozess der weiträumigen Ausdehnung und Verknüpfung von Aktivitäten, der u. a. in einer wachsenden, regionale und nationale Grenzen überschreitenden Bewegung von Gütern, Kapital und Menschen zum Ausdruck kommt" (1995: 208).Dabei wird das Anwachsen der Direktinvestitionen im Ausland als „das herausragendste Merkmal der Globalisierung" (Koch et al. 2008: 337) gesehen.

Einigkeit unter den Autoren besteht darüber, dass sich Globalisierung auch auf die verschiedenen Kulturen auswirkt. Heute fällt dabei besonders die „Kulturindustrie des Westens" (Osterhammel & Petersson 2007: 11)ins Auge, der zuerst eine

homogenisierende Wirkung auf fremde Kulturen nachgesagt wur-
de*(McDonaldisierung)*. Die Verteidigung lokaler Eigenarten als Protest gegen die
Globalisierung zeigt jedoch auch eine Tendenz zur Heterogenisierung, sodass heute
überwiegend von einer *Hybridisierung* oder *Glokalisierung* gesprochen wird, eine
„Vermischung kreativ angeeigneter Kulturelemente mit schon vorhandenen" (ebd.:
12).

Begünstigt werden diese kulturellen und ökonomischen Austauschprozesse durch
die sogenannte „time-space-compression" (Harvey 1989: 240), ein Resultat erhöh-
ter Geschwindigkeit von Kommunikation. Die Verdichtung von Raum und Zeit
führt zu einem virtuellen Miteinander und bildet die „Voraussetzung für weltweite
soziale Beziehungen, Netze und Systeme, innerhalb derer die effektive Distanz
wesentlich geringer ist als die geographische" (Osterhammel & Petersson 2007:
12).Die *time-space-compression* führt tendenziell dazu, dass national verfasste Gesellschaften nach Auflösung von räumlich gebundener Staatlichkeit streben. Grenzen
werden zunehmend unbedeutender und internationale Organisationen wie die
WTO oder der Internationale Währungsfonds gewinnen an Bedeutung (Heß 2006:
382). Als Schlagworte in diesem Zusammenhang werden die Begriffe *Entterritoriali-
sierung* und *Supranationalität* genannt.

Diese Erklärungsansätze von Globalisierung haben alle den Aspekt der Vernetzung
gemein. Aus gerichteten Interaktionen zwischen Individuen oder Gruppen entste-
hen Netzwerke. Für Osterhammel ist Globalisierung ein Netzwerk, das dauerhaft
ist. Diese Netzwerke werden durch Institutionen (diplomatische Allianzen, internationale Handelsordnungen) stabilisiert (2007: 21f.). Internationale Interaktionen
relativieren die Bezugseinheit des Nationalstaates (Ostertag 2000: 9f.), „denn in
dem Maße, wie die ökonomischen, sozialen und politischen Aktivitäten über die
gesamte Welt ausgedehnt werden, erhalten sie ihre Bedeutung nicht mehr ... durch
Bezug auf einzelne Territorien oder Staaten" (König & Rinke 2000: 232). Die
Interaktionen schaffen aber gleichzeitig neue Verdichtungen: die Interaktionsräu-

me. „Die Geschichte der Globalisierung ist zu einem großen Teil die Geschichte des Aufbaus solcher Räume aus Interaktionen und Vernetzungen und diejenige ihrer Verbindungen untereinander" (Osterhammel 2007: 22). Damit eignet sich diese Sichtweise für die historische Betrachtung der Globalisierung sehr gut. Sie verhindert eine Aufspaltung der Geschichte der Globalisierung in eine Geschichte der Weltwirtschaft, der Migrationsforschung, der internationalen Beziehungen, des Imperialismus und Kolonialismus und soll deshalb dieser Arbeit zugrunde liegen.

3 Globalisierungsanläufe

Bei der Untersuchung, ob es globale Netzwerke bereits in der Vergangenheit gab, stellt sich vor allem die Frage, *wann* und *wo* es diese gegeben hat.

Wann hat es also derartige weltumspannende Netzwerke gegeben? „Die Globalisierung beschränkt sich dabei nicht auf einzelne Regionen oder Länder, sondern betrifft die ganze Welt" (Sloterdijk 1998: 61f.). Wenn Globalisierung wirklich die ganze Welt betreffen soll, ist diese vor Entdeckung der gesamten Welt nicht möglich. Globalisierung setzt weiterhin voraus, dass Nationalstaaten überwunden werden (vgl. Kap 2). Da es in der Antike aber keine Nationalstaaten gab, muss abgeschwächt von Interaktionen zwischen Völkern oder Völkergruppen gesprochen werden. Nach diesen Einsichten kann deshalb in der vorindustriellen Zeit nur von *Globalisierungsanläufen* gesprochen werden. In Kap. 3 werden daher unter diesem Begriff die Aktivitäten im Altertum und im Mittelalter näher beleuchtet, vom Imperium Romanum, das stellvertretend für alle Großreiche stehen soll, bis zu den Fuggern.

Abgesehen von den Globalisierungsanläufen im Altertum scheinen sich die Wurzeln historischer Globalisierungen in Europa zu befinden. „Es ist kein eurozentrisches Vorurteil, wenn hier betont wird, dass die Globalisierung durch die europäische Expansion ausgelöst wurde, die mit der weltumspannenden Schifffahrt begann" (Rothermund 2005: 27). Dabei soll nicht verschwiegen werden, dass außereuropäische Länder wie das Osmanische Reich oder das Indien der Großmogule oder China das ,relativ arme Europa weit in den Schatten stellten (ebd.: 28). Doch das ausbleibende Ausgreifen nach Übersee gestattet es höchstens, von einem Globalisierungsanlauf zu sprechen.

3.1 Altertum

Die Globalisierungsanläufe der vorneuzeitlichen Epochen haben eine großräumige Integrationswirkung gemein. Osterhammel und Petersson (2007: 27ff.) zeigen verschiedene Formen der Integration auf. Eine Form ist das *Großreich*, welches kein Netzwerk im Sinne dieser Arbeit darstellt (siehe Abschnitt „Römische Antike"). Eine weitere integrative Form stellt die *religiöse Ökumene* dar, welche im Normalfall über die Grenzen des Großreiches hinausging und deshalb aus mehreren politischen Einheiten bestand. Diese Gebilde tragen zur Integration und Vernetzung bei, sobald es eine Mobilität zu heiligen Zentren gibt und ein „Pflichtenkatalog" besteht, an den sich alle verbindlich halten – auch über nationale und sprachliche Grenzen hinweg. Drittens nennen die Autoren *Fernhandelsverbindungen* integrativ wirksam: „Einzelne Handelslinien, wie die Seidenstraßen zwischen China und dem Mittelmeerraum, die Schifffahrt zwischen der arabischen Halbinsel und Indien oder die stärker frequentierten unter den Karawanenwegen des Nahen Ostens und Nordafrikas schufen nicht selten dauerhafte Verbindungen zwischen weit voneinander entfernten zivilisatorischen Zentren" (ebd.: 29). Gleichwohl zögern die Autoren, von „Netzen" zu sprechen.

Trotzdem lassen sich weit vor unserer Zeit Netzwerkstrukturen feststellen. Beispielsweise verfolgen Kirchen bzw. Glaubensgemeinschaften seit Jahrhunderten globale Strategien und etablieren Strukturen, denen sich lokale Organisationen anpassen müssen (Ostertag 2000: 37). Der Begriff Globalisierung darf für die Geschichte des Altertums nur sehr begrenzt verwendet werden, dennoch gibt es auch in dieser Zeit „Epochen, in denen gezielte politische Expansion und der

Export von wirtschaftlichen und kulturellen Standards einen vorsichtigen Vergleich erlauben" (Malitz 2000: 37). Beispiele hierfür waren z.B. die außereuropäischen Weltreligionen, die auch einen regen wirtschaftlichen Austausch pflegten oder das Handelsvolk der Phönizier (Zschaller & Kiesewetter 2000: 166). Aus europäischer Sicht bietet sich das Imperium Romanum als Wurzel der Globalisierung an.

Römische Antike

Wie bei allen Großreichen ist es auch problematisch, dem Imperium Romanum eine globalisierende Rolle zuzusprechen. Osterhammel (2007: 27f.) bezeichnet Großreiche als Apparate, die gekennzeichnet sind durch „eine gesamtimperiale Herrschaftshierarchie, oft mit einem Monarchen an der Spitze, durch einen großräumig einsetzbaren Militärapparat sowie durch den symbolisch bekräftigten Anspruch der Reichszentrale, zugleich der Mittelpunkt aller bekannten Zivilisationen zu sein". Dieser „zentralisierte Zwangsverband" (ebd.) ist in seinen Augen kein Netzwerk, wie es diese Arbeit als Merkmal von Globalisierung sieht. Auch Wallerstein (1986: 27ff.) unterteilt mit seiner *Theorie der Weltsysteme* in Weltwirtschaftssysteme (mehrere politische Systeme) und Imperien (ein einziges politisches System), welches er auch als ein primitives Instrument ökonomischer Herrschaft bezeichnet. Ein Imperium hat dabei die Bestrebung, die Versorgung des Reiches von der Peripherie ins Zentrum zu gewährleisten, Weltwirtschaftssystemestreben indes die Erzielung eines komparativen Vorteils an (Zschaller & Kiesewetter 2000: 166).

Es besteht kein Zweifel, dass sich innerhalb des Imperiums Globalisierungstendenzen auszumachen waren. Es gab mit Latein eine „Weltsprache", wie es derzeit das Englische ist, es gab es eine „Weltwährung" ähnlich dem heutigen Euro, und selbst die Probleme der heutigen globalisierten Welt (Umgang mit Minderheiten, Fremdenhass, Einflüsse auf die Kultur,…) fanden sich bereits damals (Weber 2000: 53). War das Imperium Romanum deshalb globalisiert?

Es stellt sich die Frage, ob das antike Rom in den Welthandel eingebunden war, ob es ausreichend Interaktionen mit Regionen außerhalb des Imperiums gab. Dies muss bezweifelt werden, da im römischen Reich die Subsistenzwirtschaft überwog.Durch die geringe landwirtschaftliche Produktivität standen kaum handelbare Güter zur Verfügung. Die staatliche Wirtschaftspolitik beschränkte sich darauf, Rom und die Legionen mit Getreide aus den Regionen zu versorgen, die Überschussproduktion ermöglichten. Beispiele sind hierfür Sizilien und die Provinz Africa Nova. Trotzdem gab es bereits Fernhandel. Luxuriöse Güter aus China und Indien waren für die oberen Schichten vorgesehen. Dieser Handel brachte aber keine stabilen Handelsunternehmen hervor und die Interaktionen zwischen den Handelspartnern waren unregelmäßig und sehr risikobehaftet.Von einem stabilen Netzwerk kann deshalb nicht gesprochen werden (Zschaller & Kiesewetter 2000: 168ff.).

Dennoch kann von einem Globalisierungsanlauf gesprochen werden, da es weit über die Imperiumsgrenzen hinausgehende Interaktionen gab. Natürlich war nicht die ganze Welt involviert, aber es gab Kontakte in die damals bekannten Gebiete des Erdkreises.

3.2 Mittelalter

Osterhammel und Peterssen (2007: 30ff.) stellen weltweit zwei „Schübe großräumiger Integration" fest:Ab dem 8. Jahrhundert gab es die *religiöse Ökumene der Muslime*, deren Ausbreitung sich von Andalusien bis nach Usbekistan erstreckte und die *chinesische Tang-Dynastie* in Ostasien. Die Konturen beider Gemeinschaften sind noch heute erkennbar. Fast alle im 8. Jh. islamisierten Gebiete (außer Spanien) gehören heute noch zur Umma[1], die Gebiete der Tang-Dynastie gehören heute zur Volksrepublik China.„Auf die militärischen Eroberungen folgte in beiden Fällen ein Aufblühen der städtischen Kultur und des Handels ... [dennoch] gingen von

---

[1] Gemeinschaft der muslimischen Gläubigen.

den wenigen Beziehungen, die es gab, keine transformierenden Wirkungen aus. Die militärisch wie wirtschaftlich kraftvollsten Zentren blieben auf sich selbst bezogen" (ebd.).

Der zweite Integrationsschub geschah im 13. Jahrhundert mit der Bildung der nomadischen Reitermacht der Mongolen, deren Reich sich nach Osten bis Korea, nach Süden bis zur indochinesischen Halbinsel und nach Westen bis vor Wien und Damaskus erstreckte. Dieser „lockere imperiale Verbund" (Osterhammel & Petersson 2007: 32) sorgt unter der *Pax Mongolica* für außerordentliche Reise- und Handelsfreiheit, sodass sich im 13. Jahrhundert Migrations- und Zirkulationsströme noch nie dagewesenen Ausmaßes entstanden, wie u.a. die schnelle Ausbreitung der Beulenpest belegt (Mitternauer 2003: 217). Auch der zweite Integrationsschub führte nicht zu weltumspannenden Netzen, sondern wird von Osterhammel nur als „weitreichende Wirkungskette" (2003: 32) bezeichnet.

Im „europäischen" Mittelalter wird das Jahr 1000 als entscheidend für einen neuerlichen Globalisierungsanlauf gesehen. Verbesserungen in der Landwirtschaft, z.B. die Dreifelderwirtschaft oder der Pflug mit der Nutzung von Zugtieren, führten zu Produktivitätssteigerungen und halfen, die Subsistenzwirtschaft zu überwinden.Die Bevölkerung Europas wuchs bis zum 14. Jh. stark an, Städte blühten auf oder wurden neu gegründet. In den Städten lebten auf dem Gebiet des späteren Deutschen Reiches 12% der Gesamtbevölkerung, welche sich auf die gewerbliche und handwerkliche Produktion von Gütern und auf den Handel spezialisierten (Zschaller & Kiesewetter 2000: 170ff.). Besonders gut lässt sich auch eine regionale Spezialisierung von Produkten in Abbildung 1 feststellen:

Herkunft der wichtigsten um 1470 im Fernhandel umgesetzten Güter.

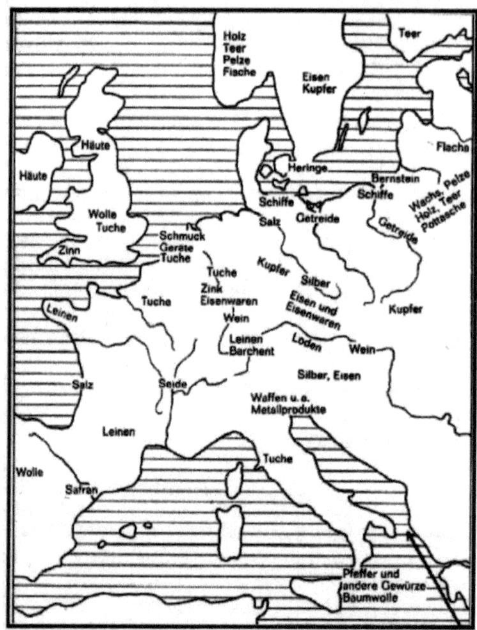

Henning, F.-W.: Deutsche Wirtschafts- und Sozialgeschichte im Mittelalter und in der frühen Neuzeit, Paderborn 1991, S. 487.

Abbildung 1:   Herkunft der wichtigsten um 1470 im Fernhandel umgesetzten Güter (Henning 1991: 487)

„Die grundlegenden Änderungen der Herrschaftsstrukturen des Reiches, die Entstehung einer Städtelandschaft, die Umwälzung des kaufmännischen Betriebes durch Schriftlichkeit und Rechenkenntnis und das gestiegene Ansehen des Kaufmanns sind zwischen ca. 1000 und 1250 zu konstatieren. Diese Entwicklungen markieren nicht nur einen klaren Bruch mit der Antike und dem frühen Mittelalter, sondern auch die Entstehung einer modernen Wirtschaft" (Jenks 2000: 31).Das war der Nährboden für die Entstehung der Hanse und später des Handelsimperiums der Fugger.

Die Pest dezimierte ab 1348 die europäische Bevölkerung und beendete das Wachstum. Gleichwohl legte die Personalarmut den Grundstein für die kapitalintensiven spätmittelalterlichen Industrien. Eine Zunahme des Außenhandels, einetiefere internationale Arbeitsteilung und erste internationale Messen führten zu einer verstärkten internationalen Kommunikation. „Es war die Welt von Adam Smith, die bereits 500 Jahre vor ihm Gestalt anzunehmen begann" (Landes 1999: 60).

Die Hanse

Die Hanse gab dem transnationalen Handel einen Schub. Ab Ende des 12. Jahrhunderts handelten die Kaufleute des „internationalen Unternehmensnetzwerkes" (Lehmann 2006: 11) mit Waren und Gütern innerhalb des Hanseverbundes. Was hat die Hanse aber zur Globalisierung beigetragen? „Wenn man unter Globalisierung die Intensivierung und Beschleunigung grenzüberschreitender Transaktionen bei deren gleichzeitigen räumlichen Ausdehnung versteht, so 'globalisierten' ... die Aktivitäten der hansischen Kaufleute zweifellos das nördliche Europa" (Hammel-Kiesow 2007: 30). Es lassen sich zweifelsohne Parallelen zur heutigen Globalisierung erkennen. Damals wie heute sorgten sowohl die Mobilität von Gütern und Produktionsfaktoren, als auch Entwicklungen im Bereich Transportwesen und Kommunikation für einen Vernetzungsschub. Auch die Standardisierung von Maßen und Währungen und stabile rechtliche Rahmenbedingungen wie das Seerecht erleichterten den Handel. (ebd.). „Das Handelssystem der Hanse ... begründete zwar noch keine Weltwirtschaft, wohl aber ein regional diversifiziertes europäisches Wirtschaftssystem, in dem komparative Vorteile genutzt wurden" (Zschaller & Kiesewetter 2000: 172).

Die Fugger

Nach dem Niedergang der Hanse im 15. Jahrhundert sorgten die Fugger im 16. Jahrhundert für grenzüberschreitenden Handel. „Speziell die Handelswege und Auslandsniederlassungen der Fugger lassen sich gut rekonstruieren und geben ein eindrucksvolles Bild vom Ausmaß der damals bestehenden grenzüberschreitenden Verflechtung von Wirtschaft und Handel" (Lehmann 2006: 12).

Ihr Reichtum gründet sich zum einen auf ihre umfangreichen Handelsaktivitäten: Sie handelten europaweit mit Tuch, Leinen, Silber, Kupfer, Diamanten und Juwelen. Vielmehr trugen aber die Bergbauaktivitäten zum wirtschaftlichen Erfolg bei. Die Abbaugebiete lagen außerhalb von Deutschland – u.a. in Spanien, Ungarn, Schlesien und Tirol – und stellten bereits eine frühe Form ausländischer Direktinvestitionen dar (zum Thema Direktinvestitionen vgl. Kap. 4.2) (Kutschker & Schmid 2005: 9). Karl Marx kommentierte diesen Umstand folgendermaßen: „Diese Fugger sammelten ihren Hauptreichtum indes nicht im armen Deutschland, sondern in Italien, den Niederlanden und Spanien" (nach Finsterbusch 1999: B-10).Besonders der Überseehandel, organisiert durch Überseehandelsgesellschaften, war ein wichtiger Wirtschaftsfaktor. Lehmann spricht aber von einem „Intra-Imperiumshandel", da diese Gesellschaften hauptsächlich für den Handel mit den Kolonien zuständig waren (ebd.). Von einer wirklichen Globalisierung kann also noch nicht gesprochen werden, aber den Ursprung unserer heutigen Globalität sehen viele Autoren in der „Entwicklung erster internationaler wirtschaftlicher Aktivitäten, wie z.B. denen der Kaufleute Fugger im späten Mittelalter" (Greve 2000: 2).

4 Globalisierungsvorlauf

Während die Internationalisierungsbemühungen in den Vorkapiteln regional begrenzt waren und nicht die gesamte Welt einschlossen, führten die Entdeckungen seit der Neuzeit zu einer wörtlich zu verstehenden Globalisierung: Alle Kontinente sind betroffen. Deshalb ist dieses Kapitel mit Globalisierungsvorlauf überschrieben. Dies soll verdeutlichen, dass die Weichenstellungen in dieser Zeit direkten Einfluss auf die heutige Globalisierung hatten: Bereits im 16. Jahrhundert bildet sich ein „World System of Capitalism" heraus, das im 19. Jahrhundert seine Fortsetzung findet (Tilly 1999: 33). Es handelt sich anders formuliert um die Globalisierungsgeschichte. Sie begann in der Neuzeit, blühte durch die Industrielle

Revolution auf, wurde durch die Weltwirtschaftskriese gedämpft und erstarkte in der Nachkriegszeit und mit dem Fall der kommunistischen Regimes erneut.

4.1 Neuzeit

Ein weiterer starker Bevölkerungsanstieg am Ende des 15. Jahrhunderts und geographische Entdeckungen führten zu einem ersten europäischen Weltwirtschaftssystem. Neben dem Mittelmeerraum und Nordwesteuropa gehören nun auch der Ostseeraum, Mitteleuropa, Inseln im Atlantischen Ozean, Enklaven an der afrikanischen Küste und amerikanische Regionen[2] (Antillen, Neuspanien, Peru, Brasilien oder Chile) zum System internationaler Arbeitsteilung. Die Peripherien lieferten überwiegend Lebensmittel, Rohstoffe Luxuswaren und Edelmetalle nach Europa, sodass Handel und Gewerbe einen weiteren Aufschwung erlebten (Zschaller & Kiesewetter 2000: 175f.). Nachdem die Niederlande und England weitere Kolonialreiche in Asien und Amerika errichtet hatten, beherrschten sie von nun an den Seehandel. Schmitt (2005: 18) bezeichnet diese Schifffahrtsrouten als „Weltverkehrssystem", da praktisch „jeder für den wirtschaftlichen Austausch wichtige Punkt der Erde [erreicht werden konnte]". Besonders auf den Routen zwischen Europa und der Neuen Welt wurden bald mehr Menschen als Güter transportiert, welche Kontakt in die alte Heimat hielten. Dies ließ den Atlantik zu einem „westeuropäischen Binnenmeer" (ebd.) schrumpfen. Diese Interaktionsnetzwerke relativ freien internationalen Handels der frühen Neuzeit wurden durch den Merkantilismus[3], der zwischen dem 17. und 18. Jh. aufkam, eingeschränkt.

Menschen wanderten zu jener Zeit nicht immer freiwillig aus: Der Handel mit Sklaven „war ein Vernetzungsphänomen von neuartiger Größenordnung und Intensität" (Osterhammel und Peterssen 2007: 40). Ungefähr 10,2 Millionen Afrikaner mussten ihre Heimat verlassen und trafen zwischen 1450 und 1870

---

[2] Unter administrativer Herrschaft Spaniens und Portugals.

[3] „Die Hauptaussage der merkantilistischen Denkrichtung besteht darin, dass ein Land durch Außenhandel seinen Wohlstand erhöhen kann ... d.h. möglichst viel exportiert und gleichzeitig möglichst wenig importiert"(Kutschker & Schmid 2005: 376). Die damaligen Regierungen förderten deshalb Exporte (z. B. durch Subventionen) und erschwerten Importe (z.B. durch Zölle und Kontingente) (ebd.).

jenseits des Atlantiks ein (Klein 1999: 211). Der westeuropäische Handelskapitalismus verband „angolanische Dörfer mit brasilianischen Zuckerplantagen und diese wiederum mit europäischen Teesalons" (Osterhammel und Peterssen 2007: 40). Die erste weltumspannende Handelsvernetzung entstand durch das in Spanisch-Amerika gewonnene Silber. Über Geschäftsbeziehungen mit dem Orient und mit den spanisch kolonialisierten Philippinen wurden die Edelmetallströme die ersten „Flows", die die Welt umzirkelten (Lübbe 1996: 142).

Einen großen Anteil am zunehmenden Welthandel hatten auch die europäischen Handelskompanien, die sich im 17. Und 18. Jahrhundert herausbildeten. Sie schafften den Übergang von der Personengesellschaft des Mittelalters zur Aktiengesellschaft, die ausschließlich gewinnorientiert arbeitete. Berühmte Beispiele sind die englische *East India Company* und die holländische *Verenigde Oost-Indische Compagnie*, die sich anfangs um den Handel mit Indien bemühten, später aber alle Kontinente miteinander verbanden. Diese Unternehmen waren auch im heutigen Sinne multinationale Kapitalgesellschaften und eröffneten den europäischen Abnehmern eine große Konsumwelt (Valentintsch 2001: 72f.).

Trotzdem spielte der Fernhandel insgesamt noch eine geringe Rolle, mit Ausnahme der Niederlande, die ihren Reichtum darauf begründeten, waren die Netzwerke sehr schwach. Wirtschaftlich nicht vernetzt und autark zu sein war für Wirtschaftsräume nichts Ungewöhnliches (Lübbe 1996: 44).

4.2 Das 19. Jh.: Industrielle Revolution

Das Jahrhundert der Industrialisierung (ab 1800) vernetzte die Welt in einer neuen Dimension. Die Weltwirtschaft berührte alle Kontinente. Der Welthandel wuchs allein in dieser Zeit um das 25fache. Gehandelt wurden jetzt weniger Edelmetalle oder Luxusgüter, sondern Nahrungsgüter oder gewerbliche Produkte, z.B. Maschinen. Die Vorreiterrolle in diesem Prozessübernahmen Nordamerika und Europa: „Auf beide Gebiete entfielen am Vorabend des Ersten Weltkrieges drei Viertel aller

Eisenbahnkilometer und die größte Telefondichte. Über transatlantische Telegrafenlinien waren beide Kontinente bereits seit 1857/58 verbunden" (Zschaller & Kiesewetter 2000: 176f.). Tilly (1999: 18ff.) nennt drei Aspekte, die das Phänomen der Globalisierung im 19. Jh. genauer charakterisieren: Das Wachstum des internationalen Güterhandels (siehe folgende Abschnitte), die wachsende internationale Kapitalmobilität mit einem internationalem Netz kurzfristiger Kreditbeziehungen und die Expansion des Überseehandels, der durch sinkende Transportkosten ermöglicht wurde. Die Welt vernetzte sich durch diese Aktivitäten stärker als zuvor.

Ein guter Indikator für internationale Vernetzung geben die vorgenommenen Direktinvestitionen[4]. Abbildung 3 im Anhang zeigt das große Engagement der Europäer im Jahr 1914, die 88 % der Direktinvestitionen tätigten. Die Investitionen flossen zu 27 % nach Europa, der größte Teil jedoch floss in andere Kontinente. Dies bedeutet zum einen ein sehr starkes wirtschaftliches Interesse an den außereuropäischen Aktivitäten und zum anderen eine enge Zusammenarbeit (also eine starke Vernetzung) mit dem Ausland, da ein Effekt von Direktinvestitionen der „Transfer von Ressourcen, Fähigkeiten und Kompetenzen" (Kutschker & Schmid 2005: 85) ist. Außerdem gehen Direktinvestitionen über den bloßen internationalen Handel hinaus, weil ein größerer Teil der Wertschöpfung im Ausland erfolgt (ebd.: 7), was auf eine Intensivierung der Interaktionen hinweist. Die wirtschaftlichen Tätigkeiten beschränken sich nicht mehr nur auf den Import und den Export, sondern es werden ganze Unternehmensteile, wie z.B. die Produktion, in andere Länder verlagert.

Es gibt viele Ursachen für das oben genannte Wirtschaftswachstum. Hauptursache ist die Industrialisierung, eingeleitet durch Modernitätsfortschritte in der Landwirtschaft. Die Bevölkerungsfalle nach Malthus konnte überwunden werden und der

---

[4] „Die Direktinvestitionstätigkeit stellt neben der Außenhandelstätigkeit die zweite zentrale Säule der Internationalisierung dar". (Kutschker & Schmid 2005: 80). Als Direktinvestitionen bezeichnet man im Allgemeinen grenzüberschreitende Investitionen, die darauf abzielen, einen dauerhaften Einfluss auf eine Unternehmung in einem anderen Land zu erzielen (Deutsche Bundesbank 1997: 81).

Strukturwandel hin zum sekundären Sektor begann. Weiterhin wurde der Protektionismus des Merkantilismus zugunsten des Freihandels aufgegeben.Fast ganz Europa war durch ein Vertragsnetz miteinander verknüpft. Innovationen im Kommunikationsbereich und im Verkehrswesen, Rechtssicherheit und technologische Fortschritte trugen zu einer weiteren Vernetzung bei (Zschaller & Kiesewetter 2000: 178f.). „Am Vorabend des Ersten Weltkrieges waren so die Dimensionen eines globalen Wirtschafts- und Verkehrsnetzes erkennbar. Verwirklicht war es freilich noch unvollständig. Wenn man sich auf die Länder beschränkt, die heute der OECD angehören (und Indien hinzunimmt), hat man so etwas wie das Knochengerüst einer globalen Wirtschaft vor sich" (Fischer 1998: 40). Um sich einen Überblick über die Größenordnung der Intensität der Verflechtung zu verschaffen, genügt es, sich die Exportquote der europäischen Länder anzusehen. Diese erreichte erst 1970 wieder das Niveau, das vor dem Ersten Weltkrieg herrschte. Das gilt auch für die USA (Maier 2005: 37). Deshalb wird dieser Prozess von einigen Autoren *Globalisierung I* genannt, in Abgrenzung zu*Globalisierung II*, die in der Phase nach den Zweiten Weltkrieg stattfand (Wagner-Braun 2005; Elsenhans 2005).Diese beiden Begriffe verdeutlichen auch, dass der Globalisierungsprozess nach dem Zweiten Weltkrieg nicht losgelöst von den Prozessen im 19. Jahrhundert gesehen werden darf, sondern dass es sich bei der Globalisierung II um eine Fortsetzung der Globalisierung I handelt.

4.3   Erster Weltkrieg und Weltwirtschaftskrise

Der Erste Weltkrieg beendete die Globalisierungswelle der Industriellen Revolution. Ein Weltwährungssystem (ähnlich dem Goldstandard) fehlte und der Protektionismus, der den Wiederaufbau der nationalen Wirtschaften vorantreiben sollte, erlebte eine Renaissance. Besonders die Sowjetunion schottete sich mit der Einführung eines kommunistischen Wirtschaftssystems von den Märkten kapitalistischer Länder ab. 1929 kam es dann zur Weltwirtschaftskrise und einem dramatischen Rückgang von Welthandel und Weltwirtschaftsleistung, von dem sich die Wirtschaft bis zum Zweiten Weltkrieg kaum erholen konnte (Zschaller & Kiesewetter 2000: 180).Abbildung 5 (im Anhang) zeigt den rapiden wirtschaftlichen Rückgang. Besonders stark waren die USA betroffen, welche über die Hälfte ihrer Industrieproduktion einbüßten. Europa verlor knapp ein Viertel. Auch der Außenhandel ging stark zurück. Das Außenhandelsvolumen der USA fiel von knapp 10 Millionen Dollar auf drei Millionen, im Deutschen Reich war ein Rückgang von knapp 7 Millionen Dollar auch knapp drei Millionen Dollar zu verzeichnen. Diese Zahlen belegen auch, wie intensiv die Welt vernetzt war. Nur intensive Kontakte und starke gegenseitige Abhängigkeiten können zu einer derartigen Weltwirtschaftskrise führen.

Tilly (1999: 32) spricht in diesem Zusammenhang von „desintegrativen Tendenzen". Der Staat galt nach den Zerstörungen des Krieges als Wirtschaftsfaktor und Regulator, der die Gesellschaft und die Wirtschaft durch Umverteilungs- und Stabilisierungsmaßnahmen stützte. Viele Interaktionen zum Ausland wurden durch o.g. protektionistische Maßnahmen gekappt. „Die Anpassung der einheimischen Produktions- und Arbeitsbedingungen an die internationale Konkurrenz kollidierte zunehmend stärker mit einheimischen ökonomischen Interessen" (ebd.), die globalen Interaktionsräume wurden dadurch regional. Das „Primat der Politik über wirtschaftliche Interaktionen" (Osterhammel und Peterssen 2007: 82) hatte in der Zwischenkriegszeit gesiegt.

5   Heutige Globalisierung

Das *Goldene Zeitalter* nach den Zweiten Weltkrieg unterschied sich sehr stark von der Zwischenkriegszeit. Es ereigneten sich die „umfassendsten Transformationen von Wirtschaft, Gesellschaft und Kultur" (Osterhammel und Peterssen 2007: 86) in sehr kurzer Zeit. Überstaatliche Interaktionsräume, der Aufbau zahlreicher neuer Vernetzungen und überstaatlicher Institutionen ließen die Welt wieder zusammenwachsen, zumindest teilweise. Denn auf der anderen Seite prägte die Teilung der

Welt in zwei Blöcke weltweiter Verflechtungen bis zum Fall des Eisernen Vorhangs (ebd.). Das nächste Kapitel zeigt das Wiederaufleben globaler Beziehungen aus der Sicht Europas und Amerikas.

5.1 Globalisierung ab 1945

Das rasche Wirtschaftswachstum in den Industriestaaten nach dem Zweiten Weltkrieg dauerte bis ca. 1970 an. Ursachen waren eine wirtschaftspolitische Liberalisierung und eine Welle von Innovationen, die wir in der heutigen Zeit mit dem Wort *Globalisierung* verbinden: Die Ausweitung der internationalen Kommunikationsnetze, Massenkonsum und die Einführung von Düsenflugzeugen (Zschaller & Kiesewetter 2000: 182f.). Diese bereits im Kapitel 2 erwähnte *time-space-compression* führt die Welt näher zusammen und vervielfacht die Anzahl der Interaktionen zwischen den und innerhalb der Nationen.

Auch der Grad der Vernetzung bezüglich der ausländischen Direktinvestitionen steigt ab 1985 stark an.Abbildung 4 (im Anhang) zeigt diesen sprunghaften Zuwachs bis in das Jahr 1994. Seit dieser Zeit steigt die Grenzüberschreitende Investitionstätigkeit von Unternehmen rasant (Abbildung 2). Sie haben sich von 13 Milliarden US-$ (1970) auf über 1,8Billionen US-$ im Jahr 2006 erhöht. Gegenüber 1970 liegen die Direktinvestitionen im Jahr 2006 fast 140 Mal höher[5].

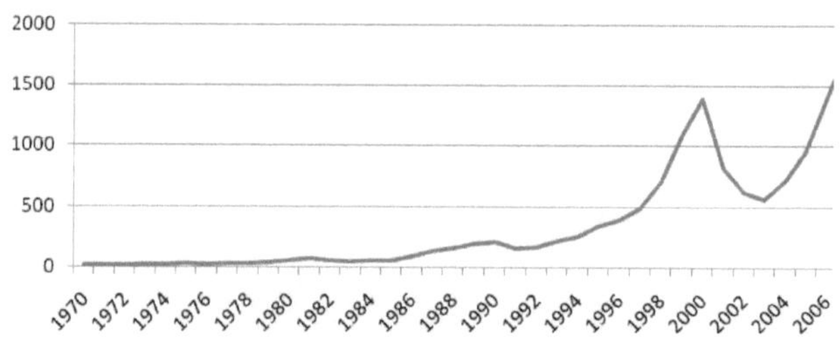

Abbildung 2:   Weltweiter Anstieg der Direktinvestitionen. (Angaben in Milliarden US$) (eigene Darstellung nach UNCTAD)

---

[5] Der Einbruch im Jahr 2000 lässt sich mit der Asien-, Russland- und Lateinamerikakrise gegen Ende des letzten Jahrhunderts und dem Platzen der Internetblase, erklären. Damals wurde eine große Menge an Vermögenswerten vernichtet.

Dieser Anstieg der Direktinvestitionen ist auch auf das Zusammenbrechen des kommunistischen Systems zurückzuführen. Viele neue Länder haben seitdem ein Interesse an weltweiten Handels- und Investitionsstrukturen bei gleichzeitigem Nachholbedarf an Gütern und Infrastruktur (Lehmann 2006: 12).

5.2 Das Neue an der aktuellen Globalisierung

Allgemein kann man die Globalisierung auf zwei Hauptursachen zurückführen, nämlich auf die neuen Entwicklungen im Transport- und Informationswesen sowie die zunehmende Liberalisierung der Weltwirtschaft durch den Abbau von Zoll- und Handelsschranken. Das ist nichts Neues, doch die Dynamik der Entwicklungen ist neu. Franz Nuscheler (2002: 294) hat diese neue Beschleunigung mit zehn Punkten charakterisiert.

Neu an der jetzigen Globalisierung sei die *Reichweite und das Tempo der Globalisierung*, die *weltumspannende Dimension*, d.h. die Globalisierung ist auf die ganze Welt bezogen, die *Zerlegung der Warenproduktion* auf viele Standorte innerhalb immer größerer multinationaler Konglomerate, die *Internationalisierung der Dienstleistungen*, von Finanzen, Versicherungen, Medien, Tourismus usw., die *Entgrenzung der nationalen Wirtschaftsräume* mit der Folge geringerer nationaler Steuerungs- und Gestaltungsmöglichkeiten und höherer Abhängigkeit von extern getroffenen Entscheidungen, die *Abkoppelung der Finanzmärkte von der Realwirtschaft*, verbunden mit einer Orientierung auf Spekulationsgewinne und die Freistellung von politischer Kontrolle, die *Deregulierung des Weltmarktes* mit der Folge hoher sozialer Kosten, auch für Industrieländer, die *Internationalisierung gesellschaftlicher Fehlentwicklungen* (organisierte Kriminalität, Personen- und Waffenhandel), die *verdichtete Kommunikation* über alle Grenzen hinweg, der *weltweite Zugriff auf Wissen*, und das sich ausbildende *große Gefälle im Zugriff auf die neuen Kommunikationstechnologien*, das den Nord-Süd-Konflikt verschärft.

Die vorliegende Arbeit sollte in den Vorkapiteln dargelegt haben, dass diese Charakteristika durchaus auch in früheren Epochen gültig waren. Auf der anderen

Seite behaupten einige Autoren, diese Charakteristika seien auch heute noch utopisch. Räume wie Afrika zeichnen sich nicht durch eine starke Vernetzung aus, und auch soziale Strukturen seinen wenig globalisiert (Osterhammel und Peterssen 2007: 110). Es bleibt demnach festzuhalten, dass es Globalisierungstendenzen immer gegeben hat – je nach Intensität der Interaktionen war die Erde (oder Teile davon) mehr oder weniger vernetzt. Das Neue an der jetzigen Globalisierung scheint zu sein, dass die Charakteristika Nutschelers heute besonders ausgeprägt sind.

6 Fazit

Um die eingangs gestellte Frage zu beantworten, ob Globalisierung ein modernes Thema ist, kann mit *nein* geantwortet werden. Das Phänomen gibt es nicht erst, seitdem dieses Wort existiert, sondern schon lange davor. Zumindest ab dem 19. Jahrhundert hat sich die heutige Globalisierung entwickelt.

Fraglich ist, ob es vorher schon Globalisierungen gab. Gibt es historische Globalisierungen? Diese Frage kann weniger eindeutig beantwortet werden, da viele Voraussetzungen, die die heutige Globalität ausmachen, damals nicht existierten: Es gab kein Internet – das heutige Symbol für die Globalisierung. Mit dem Vorschlag von Osterhammel (2007: 22), Globalisierung als Interaktionen und Vernetzungen untereinander zu sehen, kann dieses Problem gelöst werden. Demnach gibt es historische Globalisierungen ab dem Mittelalter, spätestens mit dem Auftreten der Hanse oder der Fugger. Diese hielten internationale Handelsbeziehungen aufrecht und vernetzten so große Gebiete, wenn auch nicht die ganze Welt. Die Beziehungen waren regelmäßig und dauerhaft und waren sogar institutionell gestützt (z.B. gemeinsames Seerecht). Deshalb ist Globalisierung mit Sicherheit nicht nur eine Tendenz des ausgehenden 20. Jahrhunderts, sondern eine prozesshafte Zuspitzung, die bis ins späte Mittelalter zurückreicht.

Ob es noch früher in der Geschichte Globalisierungen gegeben hat, ist zweifelhaft. Deshalb spricht diese Arbeit nur von Globalisierungsanläufen, da wichtige Elemente fehlen. Es gab zwar schon vorher (Handels-)Kontakte über weite Distanzen hinweg, diese waren jedoch unregelmäßig und gefährlich. Sowohl das Kriterium der Dauerhaftigkeit als auch der Regelmäßigkeit der Interaktion kann hier nicht eingehalten werden. Zudem scheiden Großreiche wie das Imperium Romanum aus, da Weltwirtschaftssysteme nach Wallerstein (1968) stets mehrere politische Systeme berühren müssen. Ein Imperium hingegen als „zentralisierter Zwangsverband" (Osterhammel 2007: 27) verfolgt andere Ziele.

Diese Arbeit sollte gezeigt haben, dass Globalisierung nichts Neues ist. Auch wurde gezeigt, dass es mehrere Wellen der Globalisierung gab. Dies sollte uns mit Blick auf die Zukunft nachdenklich machen: Wird der derzeitigen „hohen Welle der Globalisierung" ein tiefes Wellental folgen?

Literaturverzeichnis

BECK, U. (1997): *Was ist Globalisierung? Irrtümer des Globalismus – Antworten auf Globalisierung.* Frankfurt/Main (Suhrkamp).

CAMERON, R. (1991):*Geschichte der Weltwirtschaft. Vom Paläolithikum bis zur Industrialisierung.* Band 1, Stuttgart (Klett-Cotta).

CAMERON, R. (1992):*Geschichte der Weltwirtschaft. Von der Industrialisierung bis zur Gegenwart.* Band 2, Stuttgart (Klett-Cotta).

DEUTSCHE BUNDESBANK (1997): Zur Problematik internationaler Vergleiche von Direktinvestitionsströmen. *Monatsberichte der Deutschen Bundesbank* 49 (5), 79-86.

ELSENHANS H. (2005): Globalisierung I und Globalisierung II zwischen Konvoimodell und unterkonsumtionistischer Krise. *In:*DENZEL, M. A. (Hrsg.): *Vom Welthandel des 18. Jahrhunderts zur Globalisierung des 21. Jahrhunderts. Leipziger Überseetagung 2005*: 75-128; Stuttgart (Franz Steiner).

FINSTERBUSCH, S. (1999): „Reich von Gottes Gnaden". Die Fugger beherrschten viele Jahre Europa und gelten als Vorreiter des Investmentbanking und der Globalisierung. *FAZ* 153 vom 6. Juli 1999, B-10.

FISCHER, W. (1998):*Expansion, Integration, Globalisierung. Studien zur Geschichte der Weltwirtschaft.* Göttingen (Vandenhoeck & Ruprecht).

GREVE, R. (2000): *Globalisierung der Wirtschaft. Auswirkungen auf lokale Unternehmen.*Münsteraner Diskussionspapiere zum Nonprofit-Sektor 4, Münster (Lit).

HAMMEL-KIESOW, R. (2007): Europäische Union, Globalisierung und Hanse. Überlegungen zur aktuellen Vereinnahmung eines historischen Phänomens. *Hansische Geschichtsblätter* 125, 1-44

HARVEY, D. (1989): *The Condition of Postmodernity: An enquiry into the Origins of Cultural Change.*Oxford (Blackwell).

HENNING, F.-W. (1991):*Deutsche Wirtschafts- und Sozialgeschichte im Mittelalter und in der frühen Neuzeit.* Paderborn (Schöningh).

HESS, M. (2006): Wettbewerb der Nationen: Wirtschaftsstandorte und Governance-Strukturen im Zeitalter der Globalisierung. *In:*HAAS, H.-D. & S.-M. NEUMAIR (Hrsg.): *Internationale Wirtschaft. Rahmenbedingungen, Akteure, räumliche Prozesse:*17-41; München, Wien (Oldenbourg).

JENKS, S. (2000): Von den archaischen Grundlagen bis zur Schwelle der Moderne (ca. 1000-1450*). In*: NORTH, M. (Hrsg.): *Deutsche Wirtschaftsgeschichte. Ein Jahrtausend im Überblick*: 22-36;München (Beck).

KIESEWETTER H. & F. ZSCHALLER(2000): Globalisierung als Mythos oder neue Qualität der Weltwirtschaft. Worauf wir vorbereitet sein sollten. *In:*SCHREIBER, W. (Hrsg.): *Vom Imperium Romanum zum Global Village. „Globalisierungen" im Spiegel der Geschichte.* 161-192; Neuried (ars una).

KLEIN H. S. (1999):*The Atlantic Slave Trade.* Cambridge (Cambridge Univ. Press).

KLEINERT, J. (2000*): Globalization of the World Economy: What Happened in 1985?*Kiel Working Paper 969, Kiel (Institut für Weltwirtschaft).

KOCH, W., CZOGALLA, CH. & M. EHRET (2008): *Grundlagen der Wirtschaftspolitik.* 3. Auflage, Stuttgart (Lucius & Lucius).

KÖNIG H.-J- & S. RINKE(2000): Multikulturalität und Multiethnizität. *In:*SCHREIBER, W. (Hrsg.): *Vom Imperium Romanum zum Global Village. „Globalisierungen" im Spiegel der Geschichte.* 231-300; Neuried (ars una).

KRÄTKE, S. (1995): Globalisierung und Regionalisierung. *Geographische Zeitschrift* 83 (3/4), 207-221.

KUTSCHKER, M. & S. SCHMID (2005):*Internationales Management.* 4. Auflage, München, Wien (Oldenbourg).

LANDES, D. S. (1999): *Wohlstand und Armmut der Nationen. Warum die einen reich und die anderen arm sind.* Berlin (Siedler).

LEHMANN, U. (2006): *Ethik und Struktur in internationalen Unternehmen: Sozialethische Anforderungen an die formalen Strukturen internationaler Unternehmen.* Berlin, Münster, Wien, Zürich, London (Lit).

LÜBBE, H. (1994): Netzverdichtung. Zur Philosophie industriegesellschaftlicher Entwicklungen. *Zeitschrift für philosophische Forschung* 50, 133-150.

MAIER, H. (2005): Globalisierung. Zwischenbilanz einer Diskussion. *In:*DENZEL, M. A. (Hrsg.): *Vom Welthandel des 18. Jahrhunderts zur Globalisierung des 21. Jahrhunderts. Leipziger Überseetagung 2005:* 25-40; Stuttgart (Franz Steiner).

MALITZ, J. (2000): Globalisierung? Einheitlichkeit und Vielfalt des Imperium Romanum. *In:*SCHREIBER, W. (Hrsg.): *Vom Imperium Romanum zum Global Village. „Globalisierungen" im Spiegel der Geschichte:* 37-53; Neuried (ars una).

MITTERAUER M. (2003):*Warum Europa?Mittelalterliche Grundlagen eines Sonderweges.* München (Beck).

NUSCHELER, F. (2002): Globalisierung.*In:* NOHLEN, D. (Hrsg):*Kleines Lexikon der Politik,*294; München (Beck).

OSTERHAMMEL, J. & N. P. PETERSON (2007): *Geschichte der Globalisierung. Dimensionen, Prozesse, Epochen.* 4. Auflage, München (Beck).

OSTERTAG, M. P. (2000): *Globalisierung unter Aspekten der Wirtschaftsgeographie.* Bamberg (Difo-Druck).

PERLMUTTER, H. V. (1991): On the Rocky Road to the First Global Civilization. *In:*KING, A. (Hrsg.)(2000): *Culture, Globalization and the World System:* 894-912; Minneapolis (Univ. of Minnesota Press).

ROTHERMUND, D. (2005): Globalgeschichte und Geschichte der Globalisierung. *In:*GRANDNER, M., ROTHERMUND, D. & W. SCHWENTKER (Hrsg.): *Globalisierung und Globalgeschichte:* 12-35; Wien (Mandelbaum).

SCHAMP, E. W. (1996): Globalisierung von Produktionsnetzen und Standortsystemen. *Geographische Zeitschrift* 84 (3/4), 205-219.

SCHMITT, E. (2005): Globalisierung der Erde? Gedanken über die europäische Expansion und ihre Folgen. *In:*DENZEL, M. A.(Hrsg.):*Vom Welthandel des 18. Jahrhunderts zur Globalisierung des 21. Jahrhunderts. Leipziger Überseetagung 2005:* 15-24; Stuttgart (Franz Steiner).

SCHWENTKER, W. (2005): Globalisierung und Geschichtswissenschaft. Themen, Methoden und Kritik der Globalgeschichte. *In:*GRANDNER, M., ROTHERMUND, D. & W. SCHWENTKER (Hrsg.): *Globalisierung und Globalgeschichte:* 36-59; Wien (Mandelbaum).

TILLY, R. (1999): *Globalisierung aus historischer Sicht und das Lernen aus der Geschichte.* Kölner Vorträge zur Sozial- und Wirtschaftsgeschichte, Heft 41. Köln (Kopp).

UNCTAD – United Nations Conference on Trade and Development: Foreign Direct Investment database. (http://www.unctad.org/Templates/Page.asp?intItemID=1923&lang=1, 11.09.2009).

VALENTINITSCH, H. (2001): Ost- und Westindische Kompanien – Ein Wettlauf der europäischen Mächte. *In:*EDELMAYER, F.; LANDSTEINER, E. & R. PIEPER (Hrsg.): *Die Geschichte des europäischen Welthandels und der wirtschaftliche Globalisierungsprozess:* 54-76; München (Oldenburg).

WAGNER-BRAUN, M. (2005): Innovationen als Determinanten der Globalisierung im 19. Und 20. Jahrhundert. . *In:*DENZEL, M. A. (Hrsg.): *Vom Welthandel des 18. Jahrhunderts zur Globalisierung des 21. Jahrhunderts. Leipziger Überseetagung 2005:* 129-147; Stuttgart (Franz Steiner).

WALLERSTEIN, I. M. (1986): *Das moderne Weltsystem. Kapitalistische Landwirtschaft und die Entstehung der europäischen Weltwirtschaft im 16. Jh.* Frankfurt a. Main (Syndikat).

WEBER G. (2000): Das Imperium Romanum. *In:*SCHREIBER, W. (Hrsg.): *Vom Imperium Romanum zum Global Village. „Globalisierungen" im Spiegel der Geschichte:* 53-74; Neuried (ars una).

ZSCHALER, F. & H. KIESEWETTER (2000): Globalisierung als Mythos oder neue Qualität der Weltwirtschaft. Worauf wir vorbereitet sein sollten. *In:*SCHREIBER, W. (Hrsg.): *Vom Imperium Romanum zum Global Village. „Globalisierungen" im Spiegel der Geschichte:* 161-192; Martinsried (Ars una).

Anhang

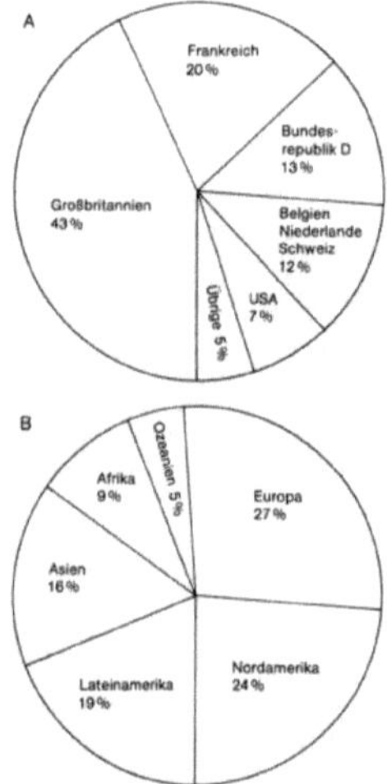

Abbildung 3:   Die Verteilung der Auslandsinvestitionen im Jahr 1914: A Geberländer, B Empfangsländer (Cameron 1992: 107)

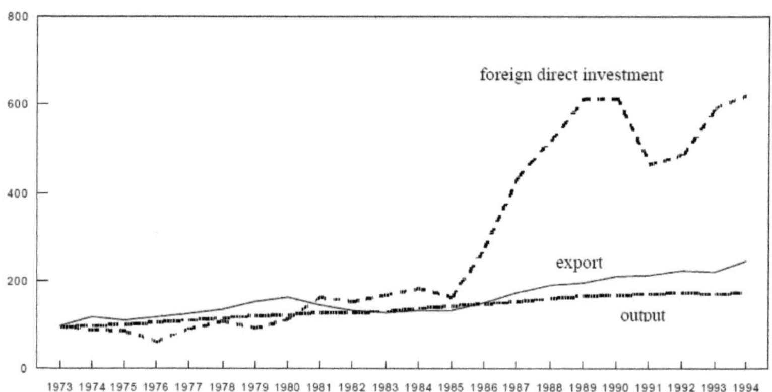

Abbildung 4:   Weltproduktion, Weltexporte und ausländische Direktinvestitionen (1973=100) (Kleiner 2000: 3)

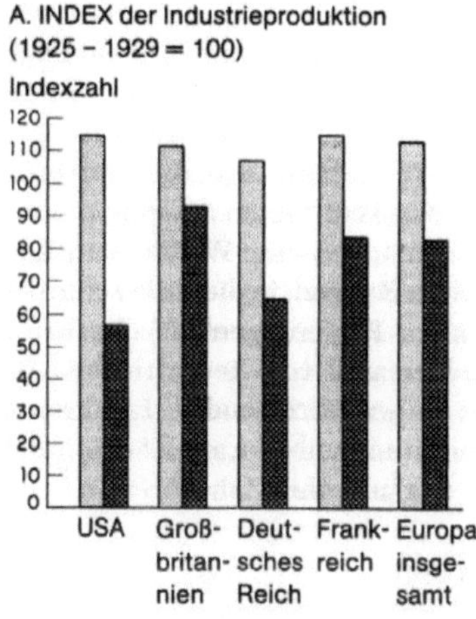

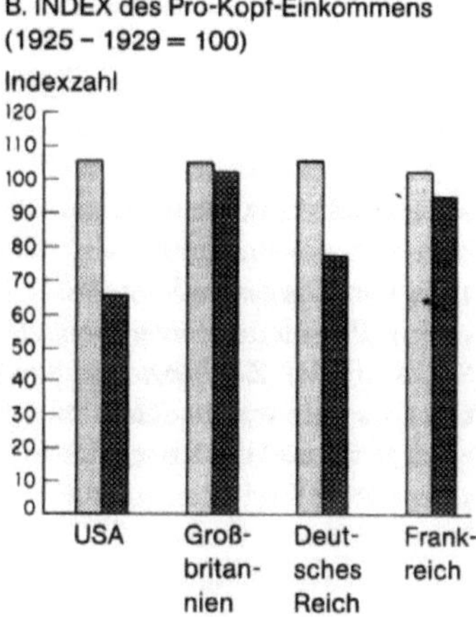

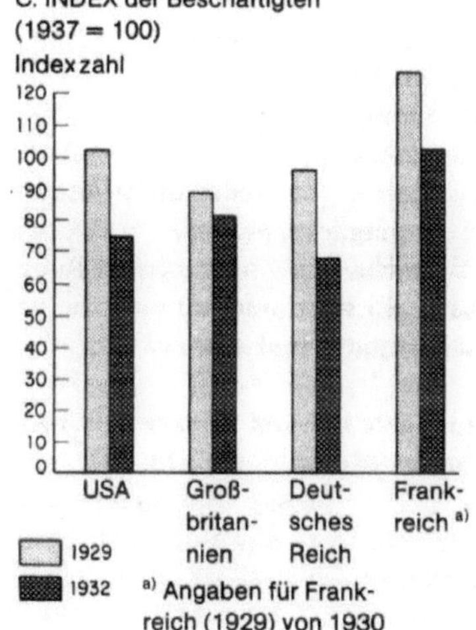

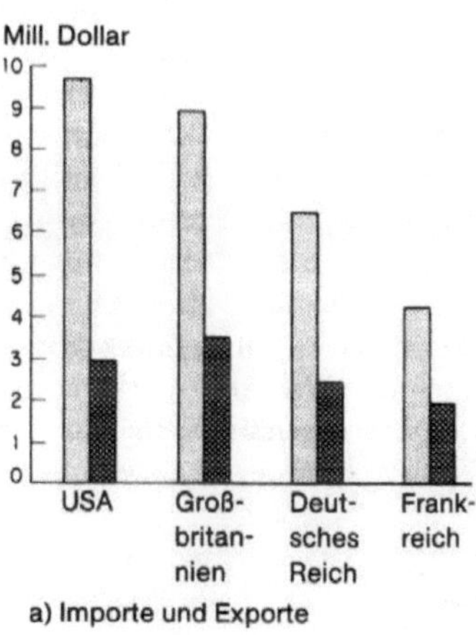

Abbildung 5:   Der wirtschaftliche Zusammenbruch, 1929-1932 (Cameron 1992: 210)